BEI GRIN MACHT SICH IHR WISSEN BEZAHLT

- Wir veröffentlichen Ihre Hausarbeit,
  Bachelor- und Masterarbeit

- Ihr eigenes eBook und Buch -
  weltweit in allen wichtigen Shops

- Verdienen Sie an jedem Verkauf

Jetzt bei www.GRIN.com hochladen
und kostenlos publizieren

Bibliografische Information der Deutschen Nationalbibliothek:

Die Deutsche Bibliothek verzeichnet diese Publikation in der Deutschen National-bibliografie; detaillierte bibliografische Daten sind im Internet über http://dnb.d-nb.de/ abrufbar.

Impressum:

Copyright © 2009 GRIN Verlag, Open Publishing GmbH
Druck und Bindung: Books on Demand GmbH, Norderstedt Germany
ISBN: 9783668446311

Dieses Buch bei GRIN:

http://www.grin.com/de/e-book/364604/einfache-differentialgleichungen-in-den-naturwissenschaften

Gunther Klobe

Aus der Reihe: e-fellows.net stipendiaten-wissen

e-fellows.net (Hrsg.)

Band 2306

Einfache Differentialgleichungen in den Naturwissenschaften

Ausgewählte Verfahren zur Lösung von einfachen Differentialgleichungen und ihre Anwendung in den Naturwissenschaften

GRIN Verlag

Facharbeit

aus dem Fach

Mathematik

Thema:

Ausgewählte Verfahren zur Lösung von einfachen Differentialgleichungen

und ihre Anwendung in den Naturwissenschaften

Kurztitel:

Einfache Differentialgleichungen in den Naturwissenschaften

Verfasser: Gunther Klobe

Leistungskurs: LK3M1

Kursleiter:

Abgabetermin: 30. Januar 2009

Abgegeben am: 29. Januar 2009

Mündliche Prüfung abgelegt am: 18. Februar 2009

Erzielte Punkte der schriftlichen Arbeit: _____ 14

Erzielte Punkte der mündlichen Prüfung: _____ 15

Gesamtpunktzahl (3-fach schriftlich + mündlich = 4-fache Wertung): _____ 57

Doppelte Wertung (= 4-fache Wertung geteilt durch 2, gerundet): _____ 29

Aus der einfachen Wertung (= 4-fache Wertung geteilt durch 4, gerundet): _____ 14

ergibt sich für die

Gesamtleistung die Note _____ 14 _____ **, in Worten:** SEHR GUT

Inhaltsverzeichnis

1 Einleitung

Bereits im Mathematikunterricht der Grundschule, der größtenteils aus Kopfrechnen besteht, löst man eigentlich Gleichungen, z.B. $3+4 = x$ oder $6 \cdot 2 = x$. Diese Gleichungen sind besonders trivial, da sie bereits nach der einzigen Unbekannten aufgelöst sind und außerdem nur Grundrechenarten vorkommen.

Später lernt man dann auch, Probleme wie $x^2 + 2 \cdot x - 3 = 0$ zu lösen.

In der Kollegstufe beschäftigt man sich mitunter mit noch deutlich komplizierteren Gleichungen, aber eines hat sich nicht geändert: Gesucht sind Zahlen.
In Differentialgleichungen hingegen sind die Unbekannten keine Zahlen, sondern Funktionen!

Für einen Schüler mag das ungewohnt sein. Es ist jedoch alles andere als mathematische Spielerei, sich mit Differentialgleichungen zu beschäftigen, denn sie haben einen starken Bezug zur Realität:
Viele Naturgesetze kann man mittels Differentialgleichungen ausdrücken. Das ist aber noch längst nicht alles, denn andersherum und allgemeiner gesagt kann man mit Differentialgleichungen mathematische Modelle aufstellen, die nicht nur in Naturwissenschaften wie Physik, Chemie oder Biologie nützlich sind, sondern auch dafür geeignet sind, wirtschaftliche Prozesse oder Vorgänge in der Gesellschaft zu beschreiben.

2 Differentialgleichungen

Die Aufgabe bei einer Differentialgleichung mit der unbekannten Funktion $y(x)$ besteht also darin, eben diese Funktionen $y(x)$ zu bestimmen, die - in die Gleichung eingesetzt - eine wahre Aussage liefern.

Aus Gründen der Übersichtlichkeit in den Rechnungen wird diese Funktion $y(x)$ in der einschlägigen Literatur - und ab hier auch in dieser Arbeit - einfach nur mit y bezeichnet.

Als erstes Beispiel sei die Differentialgleichung

$$y' = y \tag{1}$$

gegeben.

Gesucht ist also eine Funktion, deren Ableitung in jedem Punkt gleich dem eigentlichen Funktionswert ist. Aus der Schule ist bekannt: Nur Funktionen der Bauart

$$y = y(x) = C \cdot e^x \text{ mit } C \in \mathbf{R} \tag{2}$$

besitzen diese Eigenschaft, erfüllen also die Gleichung und stellen somit die Lösung des Problems dar.

Das war ein einfaches Beispiel, man konnte die Lösung erraten. Das ist aber nicht zwingend notwendig, man kann bestimmte Differentialgleichungen auch mit passenden Methoden lösen, diese hier z.B. mit dem in 3.2 vorgestellten Verfahren.

Schwierige Differentialgleichungen sind auf analytischem Wege allerdings oft nicht mehr lösbar oder besitzen sogar nachweislich gar keine sogenannte allgemeine Lösung[1].

2.1 Definition einer Differentialgleichung

Ganz allgemein hat eine Differentialgleichung die Form:

---

[1]siehe 2.3

$$F(x, y, y', y'', ..., y^{(n)}) = 0 \tag{3}$$

Das Charakteristikum einer Differentialgleichung ist, dass mindestens eine Ableitung der gesuchten Funktion in ihr auftaucht. Es können - müssen aber nicht zwangsläufig - auch Terme, die von derselben oder denselben Variablen x wie die gesuchte Funktion y abhängen, oder die Funktion y selbst auftauchen.

2.2 Ordnung einer Differentialgleichung

Wenn $y^{(n)}$ die höchste in einer Differentialgleichung vorkommende Ableitung ist, so spricht man von einer Differentialgleichung n-ter Ordnung.

2.3 Allgemeine und partikuläre Lösung

Wie man in Gleichung (2), der Lösung des Beispiels $y' = y$, sehen kann, taucht eine willkürliche Konstante C auf. Es gibt also unendlich viele mögliche Lösungen.

Diese Gesamtheit aller möglichen Lösungen nennt man allgemeine Lösung einer Differentialgleichung.

Die allgemeine Lösung kann man als Funktionenschar mit Scharparameter C betrachten. Eine einzelne Funktion dieser Schar, z.B.

$$y = y(x) = e^x \tag{4}$$

für $C = 1$ nennt man partikuläre Lösung.

2.4 Anfangswertprobleme

Die partikuläre Lösung aus Gleichung (4) wäre die einzige richtige Lösung, wenn außer der Differentialgleichung $y' = y$ z.B. noch die Forderung bestanden hätte, dass der Punkt $P(0/1)$ auf dem Graphen der gesuchten Funktion $y(x)$ liegen muss.

Einen solchen vorgegebenen Wert $y(x_0) = y_0$ (hier: $y(0) = 1$) nennt man Anfangswert. Er bestimmt, welchen Wert die ansonsten willkürliche Konstante C annehmen muss.

Ein Anfangswertproblem besteht aus einer Differentialgleichung und einem Anfangswert.

2.5   Gewöhnliche und partielle Differentialgleichungen

Falls in einer Differentialgleichung nur Ableitungen nach lediglich einer unabhängigen Veränderlichen vorkommen, so spricht man von einer gewöhnlichen, andernfalls von einer partiellen Differentialgleichung.

In dieser Arbeit werden nur gewöhnliche Differentialgleichungen behandelt.

3   Lösungsverfahren für Differentialgleichungen

3.1   Lösung durch Integration

Dies ist die einfachste Methode zur Lösung von Differentialgleichungen. Sie ist anwendbar bei Gleichungen der Bauart

$$y' = f(x) \tag{5}$$

Durch Integrieren erhält man die gesuchte Funktion:

$$y = \int f(x)dx = F(x) + C \tag{6}$$

$F(x)$ ist eine Stammfunktion von $f(x)$.

C wird von der Anfangsbedingung $y(x_0) = y_0$ bestimmt, falls es eine gibt.

Beispiel 1

$$y' = \frac{6}{x+1} \tag{7}$$

$$\Rightarrow y = \int \frac{6}{x+1}dx = 6 \cdot \int \frac{1}{x+1}dx = 6 \cdot \ln|x+1| + C \text{ mit } C \in \mathbf{R} \tag{8}$$

Beispiel 2

$$y'' = 2 \cdot x + 2 \tag{9}$$

Dieses Problem liegt noch nicht in der in Gleichung (5) geforderten Form vor.

Diese kann man jedoch durch einmaliges Integrieren erhalten:

$$y' = \int y'' dx = \int (2 \cdot x + 2) dx = x^2 + 2 \cdot x + C_1 \text{ mit } C_1 \in \mathbf{R} \tag{10}$$

Durch nochmaliges Integrieren bekommen wir die gesuchte Funktion y:

$$y = \int y' dx = \int (x^2 + 2 \cdot x + C_1) dx = \frac{x^3}{3} + x^2 + C_1 \cdot x + C_2 \text{ mit } C_1, C_2 \in \mathbf{R} \tag{11}$$

Wie man sieht, hängt die allgemeine Lösung von zwei voneinander unabhängigen, nicht zusammenfassbaren, willkürlichen Konstanten ab. Das liegt daran, dass am Anfang die zweite Ableitung vorlag und man folglich zweimal integrieren musste, um auf die Lösung zu kommen.

3.2 Trennung der Variablen

Mit dieser Methode kann man Differentialgleichungen der Form

$$y' = g(x) \cdot h(y) \tag{12}$$

lösen. Eine solche Differentialgleichung nennt man **separierbar**.

Mit "Trennung der Variablen" meint man Folgendes:

$$y'(x) = \frac{dy}{dx} = g(x) \cdot h(y) \tag{13}$$

$$\Rightarrow \frac{dy}{h(y)} = g(x) \cdot dx \tag{14}$$

Integriert man nun Gleichung (14) auf beiden Seiten, so erhält man:

$$\int \frac{1}{h(y)} dy = \int g(x) dx \;\Rightarrow\; F(y) = G(x) + C \text{ mit } C \in \mathbf{R} \qquad (15)$$

Nun muss noch nach y aufgelöst werden, was aber oft nicht möglich ist. Häufig ist allerdings auch diese Lösung in **impliziter Form** (d.h. die Gleichung ist nicht nach der gesuchten Funktion y aufgelöst) in der Praxis sehr nützlich.

Da man, um auf Gleichung (14) zu kommen, durch $h(y)$ dividiert, ist dieses Verfahren nur anwendbar für $h(y) \neq 0$.

Falls es ein y_0 mit $h(y_0) = 0$ gibt, so wird die Differentialgleichung (12) offensichtlich durch die konstante Funktion $y(x) = y_0$ gelöst.

3.3 Substitution

Viele Differentialgleichungen sind nicht separierbar. In solchen Fällen versucht man, durch geschickte Ansätze, Umstellungen und Substitution eine nicht separierbare Differentialgleichung in eine separierbare zu überführen, um das Verfahren der Variablentrennung anwenden zu können. Für dieses Vorgehen gibt es einige Standardfälle, z.B. kann man Differentialgleichungen der Bauart

$$y'(x) = f\left(\frac{y}{x}\right) \qquad (16)$$

wie folgt lösen.

Zunächst substituiert man: $u := \frac{y}{x}$.

Nun gilt also $y = u \cdot x$ und aus der Kettenregel folgt:

$$y'(x) = u' \cdot x + u \qquad (17)$$

In Gleichung (16) eingesetzt ergibt sich:

$$u' \cdot x + u = f(u) \;\Rightarrow\; u' = \frac{f(u) - u}{x} \qquad (18)$$

Jetzt ist die Differentialgleichung separierbar, d.h. ihre Form entspricht der von Gleichung (12):

- u' entspricht y'
- $f(u) - u$ entspricht $h(y)$
- $\frac{1}{x}$ entspricht $g(x)$.

Man kann also das Verfahren der Trennung der Variablen anwenden (natürlich nur in Intervallen, in denen $f(u) - u \neq 0 \Rightarrow f(u) \neq u$ gilt):

$$\int \frac{1}{f(u) - u} du = \ln|x| + C \tag{19}$$

Beispiel [2]

Gegeben sei die Differentialgleichung

$$y' = \frac{y}{x} \cdot \left(1 + \frac{y - 6x}{2y - 6x}\right) \tag{20}$$

und die Anfangsbedingung

$$y(1) = -1 \tag{21}$$

Zunächst bringt man die rechte Seite von Gleichung (20) auf die gewünschte Form $f\left(\frac{y}{x}\right)$:

$$y' = \frac{y}{x} \cdot \left(1 + \frac{x}{x} \cdot \frac{\frac{y}{x} - 6}{2\frac{y}{x} - 6}\right) = \frac{y}{x} \cdot \left(1 + \frac{\frac{y}{x} - 6}{2\frac{y}{x} - 6}\right) \tag{22}$$

Jetzt wird substituiert: $u := \frac{y}{x}$

$$\Rightarrow f(u) = u \cdot \left(1 + \frac{u - 6}{2u - 6}\right) \tag{23}$$

$$f(u) - u = u \cdot \left(1 + \frac{u - 6}{2u - 6}\right) - u = u \cdot \frac{u - 6}{2u - 6} \tag{24}$$

Dieser Term wird 0 für $u = 0$, d.h. $y = 0$, oder $u = 6$, d.h. $y = 6 \cdot x$.

---

[2]Beispiel gefunden in [5], Seite 6

Um eine Lösung für den Fall $f(u) - u \neq 0$ zu erhalten, setzt man den Term in die Formel (19) ein und erhält:

$$\int \frac{1}{u \cdot \frac{u-6}{2u-6}} du = \ln|x| + C \;\Rightarrow\; \int \frac{2u-6}{u \cdot (u-6)} du = \ln|x| + C \qquad (25)$$

Damit man integrieren kann, zerlegt man den unangenehmen Bruch im Integral:
$\frac{2u-6}{u\cdot(u-6)} = \frac{1}{u} + \frac{1}{u-6}$.

(Darauf kommt man wie folgt: $\frac{2u-6}{u\cdot(u-6)} = \frac{A}{u} + \frac{B}{u-6} \;\Rightarrow\; 2u - 6 = A \cdot (u-6) + B \cdot u \;\Rightarrow\; 2 \cdot u - 6 = u \cdot (A+B) - 6 \cdot A$. Es gelten also die beiden Gleichungen $A + B = 2$ und $A \cdot 6 = 6$. Daraus folgt: $A = 1$ und $B = 1$.)

$$\Rightarrow \int \left(\frac{1}{u} + \frac{1}{u-6} \right) du = \ln|x| + C \qquad (26)$$

$$\Rightarrow \ln|u| + \ln|u-6| + C_1 = \ln|x| + C \qquad (27)$$

Nun werden die beiden ln-Ausdrücke auf der linken Seite vereint und die beiden Konstanten zu einer Konstante $C^* = C - C_1$ zusammengefasst:

$$\Rightarrow \ln|u \cdot (u-6)| = \ln|x| + C^* \qquad (28)$$

Jetzt wird die e-Funktion auf beiden Seiten angewendet, wobei:
$e^{\ln|x|+C^*} = e^{\ln|x|} \cdot e^{C^*} = e^{C^*} \cdot |x|$:

$$\Rightarrow u \cdot (u-6) = K \cdot x \text{ mit } K = \pm e^{C^*} \in \mathbf{R}\backslash\{0\} \qquad (29)$$

Resubstitution: $u = \frac{y}{x}$

$$\frac{y}{x} \cdot \left(\frac{y}{x} - 6 \right) = K \cdot x \Rightarrow \frac{y^2}{x^2} - 6 \cdot \frac{y}{x} - K \cdot x = 0 \qquad (30)$$

$$\Rightarrow y^2 - 6 \cdot x \cdot y - K \cdot x^3 = 0 \qquad (31)$$

Der Anfangswert $y(1) = -1$ liefert:

$$(-1)^2 - 6 \cdot 1 \cdot (-1) - K \cdot 1^3 \ \Rightarrow \ K = 1 + 6 = 7 \qquad (32)$$

Durch die Mitternachtsformel kommt man auf:

$$y_{1/2} = \frac{6 \cdot x \pm \sqrt{36 \cdot x^2 + 4 \cdot 7 \cdot x^3}}{2} = 3 \cdot x \pm \sqrt{9 \cdot x^2 + 7 \cdot x^3} \qquad (33)$$

In Anbetracht des Anfangswertes scheidet die Variante mit dem Plus vor der Wurzel aus und man hat die gesuchte Funktion gefunden:

$$y = 3 \cdot x - \sqrt{9 \cdot x^2 + 7 \cdot x^3} \qquad (34)$$

3.4 Graphische Darstellung der Lösung

Da die allgemeine Lösung einer Differentialgleichung immer von mindestens einer willkürlichen Konstante abhängig ist, gestaltet sich ihre graphische Darstellung schwierig.

Hierzu gibt es im Wesentlichen zwei Methoden, die im Folgenden am Eingangsbeispiel $y' = y$ mit der Lösung $y = C \cdot e^x$ demonstriert werden.

3.4.1 Zeichnen einiger ausgewählter Funktionsgraphen

Man wählt einige Werte für die Konstante C aus und zeichnet dann die entsprechenden Graphen.

3.4.2 Das Richtungsfeld

Hier wählt man flächendeckend Punkte im Koordinatensystem aus und vermerkt in ihnen mit einem kurzen Strich oder Vektorpfeil ihre Steigung.

Da man dies bereits tun kann, wenn man eine Differentialgleichung der Form $y' = f(x, y)$ hat und die Funktion y im Gegensatz zur ersten vorgestellten Methode noch gar nicht kennen muss, ist das Richtungsfeld nicht nur eine Möglichkeit zur Visualisierung der Lösung, sondern v.a. auch ein Verfahren, mit dem man zeichnerisch Näherungslösungen der Differentialgleichung bestimmen kann: Jede Kurve, deren Steigung an jeder Stelle mit der des Richtungsfeldes übereinstimmt, ist der Graph einer Lösungsfunktion $y(x)$.

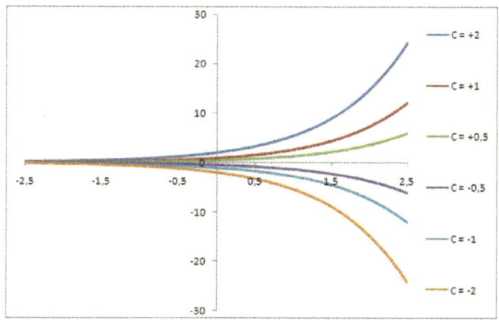

Abbildung 1: Abbildung 1: Einige ausgewählte Graphen von $y = C \cdot e^x$

3.5 Numerische Verfahren zur Lösung von Differentialgleichungen

Wie bereits erwähnt, ist es bei vielen Differentialgleichungen nicht möglich, auf eine allgemeine Lösung zu kommen. Das liegt daran, dass man auf dem Weg dorthin immer eine Funktion integrieren muss und dafür gibt es bekanntlich kein Patentrezept.

In der Praxis ist man an allgemeinen Lösungen aber oft gar nicht interessiert, man steht vielmehr vor Anfangswertproblemen. Die können zwar analytisch ebenfalls nicht gelöst werden, aber mit numerischen Methoden kann man näherungsweise ihre Lösung bestimmen. Heute ist das sehr praktikabel, da man leistungsstarke Rechner zur Verfügung hat.

3.5.1 Das Euler-Cauchy-Verfahren

Das Verfahren nach Euler und Cauchy, auch Eulersches Polygonzugverfahren genannt, ist das einfachste dieser numerischen Verfahren. Folgende Überlegung liegt ihm zugrunde:

Eine Differentialgleichung der Form $y' = f(x, y)$ ordnet jedem Punkt $P(x/y)$ eine Steigung zu und definiert damit ein Richtungsfeld. Daraus ergibt sich eine einfache graphische Näherungskonstruktion:
Man geht vom durch die Anfangsbedingung vorgegebenen Punkt $P_0(x_0/y_0)$ aus und folgt der durch die Differentialgleichung (bzw. das gedachte Richtungsfeld) bestimmten Richtung bis zu einem Punkt $P_1(x_1/y_1)$. In P_1 schreibt

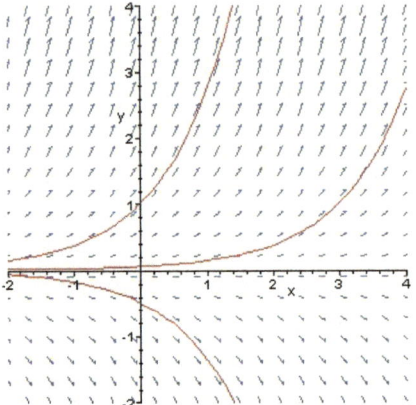

Abbildung 2: Richtungsfeld zu $y' = y$ (blau) und ein paar Lösungsgraphen (rot) [3]

die Differentialgleichung eine neue Richtung vor, der man bis zum Punkt P_2 folgt usw. Insgesamt erhält man einen Polygonzug (= Spur eines aus endlich vielen Geradenstücken zusammengesetzten Weges), der eine grobe Näherung der gesuchten Integralkurve darstellt.

Natürlich gilt die Regel: Je näher die Punkte aneinander liegen (also je mehr Werte in einem gewissen Intervall ausgerechnet werden), desto genauer ist die Näherung.

Die Rechenvorschrift beim Euler-Cauchy-Verfahren kann so formuliert werden: Man ermittelt sukzessiv an den diskreten Stellen $x_k = x_0 + k \cdot h$ mit $k \in \{0; 1; 2; ...\}$ die entsprechenden y-Werte, wobei $y_{k+1} = y_k + h \cdot f(x_k, y_k)$ ist. Je kleiner die Diskretisierungs-Schrittweite $h > 0$ ist, desto näher sind die berechneten Punkte auf dem Polygonzug beieinander und desto genauer ist die Näherung. Allerdings muss natürlich auch mehr Rechenarbeit aufgewendet werden, je kleiner h ist.

Graphische Interpretation: Es gibt keinen einheitlichen Abstand zwischen benachbarten Punkten, deren Koordinaten beim Euler-Cauchy-Verfahren berechnet werden. Der Abstand zwischen den Stellen x_k und x_{k+1} ist konstant, der Abstand zwischen den Punkten $P_k(x_k/y_k)$ und $P_{k+1}(x_{k+1}/y_{k+1})$ ist abhängig von der Steigung $y' = f(x_k, y_k)$ und kann stark variieren.

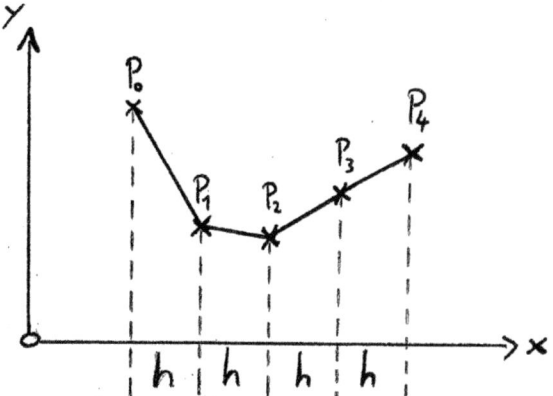

Abbildung 3: Graphische Interpretation des Euler-Cauchy-Verfahrens

3.5.2 Andere numerische Verfahren

Neben dem Euler-Cauchy-Verfahren gibt es noch weitere, wesentlich genauere
numerische Verfahren, z.B. das Runge-Kutta-Verfahren (eine Weiterentwick-
lung des Euler-Cauchy-Verfahrens) oder die Finite-Elemente-Methode, mit
der man bestimmte partielle Differentialgleichungen numerisch lösen kann.

Die Behandlung solcher Verfahren würde jedoch den Rahmen dieser Arbeit
sprengen.

4 Anwendungsbeispiele

Im Folgenden sind einige Beispiele zu finden, an denen zu sehen ist, wie praxisbezogene Differentialgleichungen formuliert und dann gelöst werden können.

4.1 Die Selbstinduktion

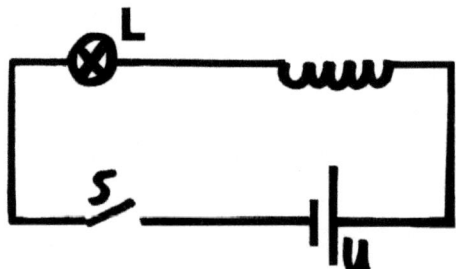

Abbildung 4: Schaltung zu den Selbstinduktionsversuchen

Versuch: In der Versuchsanordnung aus Abbildung 4 wird der Schalter S geschlossen. Man beobachtet: Das Lämpchen L fängt erst einige Sekunden später an zu leuchten. Schaltet man die Spannungsquelle anschließend ab, hört L erst einige Sekunden später auf zu leuchten.

Deutung: In beiden Fällen ändert sich auf einmal die Stärke des Stromes durch die Spule. Dadurch ändert sich das von ihr selbst erzeugte Magnetfeld und somit wird in der Spule eine Spannung induziert, die die Änderung der Stromstärke verlangsamt.
Eine Stromänderung bewirkt hier also im eigenen Leiterkreis eine Induktionsspannung. Dieses Phänomen nennt man Selbstinduktion.

4.1.1 Selbstinduktion beim Einschalten

Problem: Gesucht ist eine Funktion $I(t)$, die die Stromstärke I, die zum Zeitpunkt t durch das Lämpchen (und den restlichen Stromkreis) fließt, angibt.

Lösung: Es gilt: Die von der Spule induzierte Spannung U_{ind} ist gleich dem Produkt aus der ersten Ableitung der Stromstärke $I(t)$ und der Induktivität L. Nach der Lenzschen Regel ist die Spannung U_{ind} der Ursache ihrer Entstehung (also der Stromstärke) entgegengerichtet. Man erhält folgende Gleichung:

$$U_{ind} = -L \cdot \frac{dI}{dt} = -L \cdot I' \tag{35}$$

Für die Stromstärke gilt

$$I = \frac{U_{Gesamt}}{R} = \frac{U + U_{ind}}{R} = \frac{U - L \cdot I'}{R} \quad \Rightarrow \quad I \cdot R = U - L \cdot I' \tag{36}$$

wobei R der Ohmsche Widerstand der gesamten Schaltung ist. Er ist konstant und setzt sich zusammen aus dem Widerstand der Spule und dem des Lämpchens (und dem vernachlässigbar kleinen Widerstand der leitenden Verbindungen dazwischen).
Die Differentialgleichung wird umgeformt zu:

$$I' + \frac{I \cdot R}{L} - \frac{U}{L} = 0 \quad \Rightarrow \quad I' + \frac{R}{L} \cdot \left(I - \frac{U}{R} \right) = 0 \tag{37}$$

Nach der Substitution $y := I - \frac{U}{R}$ ergibt sich wegen $y' = I'$ (denn: $\frac{U}{R} = const.$) folgendes:

$$y' = \frac{dy}{dt} = -\frac{R}{L} \cdot y \tag{38}$$

Durch Variablentrennung kommt man auf:

$$\int \frac{1}{y} dy = -\int \frac{R}{L} dt \tag{39}$$

Also:

$$\ln y = -\frac{R}{L} \cdot t + C \tag{40}$$

Exponentialfunktion auf beiden Seiten und Resubstitution liefern:

$$I = e^{-\frac{R}{L} \cdot t} \cdot e^C + \frac{U}{R} \tag{41}$$

Zum Zeitpunkt $t = 0$ sei der Schalter geschlossen worden. In diesem Moment floss noch kein Strom. Es besteht also die Anfangsbedingung $I(0) = 0$. Sie kann zur Ermittlung der Konstante e^C verwendet werden:

$$I(0) = e^0 \cdot e^C + \frac{U}{R} \;\Rightarrow\; e^C = -\frac{U}{R} \tag{42}$$

Somit erhält man die gesuchte Funktion:

$$I(t) = \frac{U}{R} \cdot \left(1 - e^{-\frac{R}{L} \cdot t}\right) = I_0 \cdot \left(1 - e^{-\frac{R}{L} \cdot t}\right) \tag{43}$$

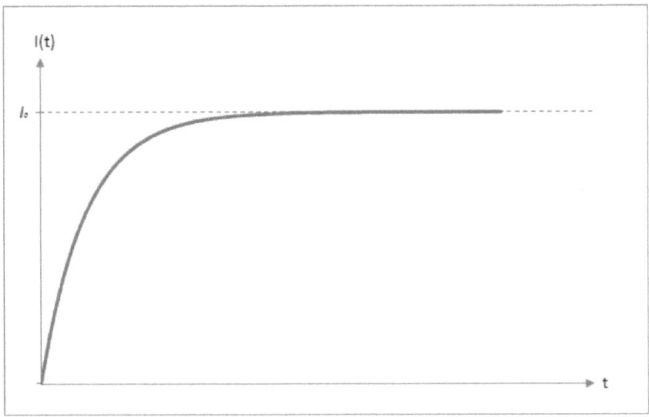

Abbildung 5: Stromverlauf nach dem Einschalten

Abbildung 5 zeigt ihren qualitativen Verlauf. Die waagerechte Asymptote $\frac{U}{R}$ wurde I_0 genannt, weil sie die Stromstärke darstellt, die man, ohne über Induktionsvorgänge Bescheid zu wissen, wegen der Definition des Ohmschen Widerstandes $R = \frac{U}{I} \Rightarrow I = \frac{U}{R}$ erwarten würde. In der Tat wird sie nach einer gewissen Zeit auch näherungsweise erreicht, aber die Induktionsspannung verhindert das anfänglich - bei großem L und kleinem R sogar ziemlich lange.

4.1.2 Selbstinduktion beim Ausschalten

Der obige Versuch ist jetzt so lange gelaufen, dass die Stromstärke I_0 im Rahmen der Messgenauigkeit tatsächlich erreicht wurde.

Problem: Nun wird die Spannungsquelle plötzlich ausgeschaltet ($\Rightarrow U = 0$). Das Lämpchen hört nicht sofort auf zu leuchten, weil in der Spule eine Spannung induziert wird, die den Stromfluss aufrechterhalten will. Gesucht ist eine Funktion, die die Stromstärke I zum Zeitpunkt t nach dem Ausschalten angibt.

Lösung: Es gilt:

$$I = \frac{U_{Gesamt}}{R} = \frac{U + U_{ind}}{R} = \frac{U_{ind}}{R} \tag{44}$$

Auch hier gilt $U_{ind} = -L \cdot I'$. Man erhält die Differentialgleichung

$$I = -\frac{L}{R} \cdot I' \Rightarrow I' = -\frac{R}{L} \cdot I \tag{45}$$

Man erkennt schnell die allgemeine Lösung (falls nicht, kann man sich auch hier mit dem Verfahren der Trennung der Variablen helfen):

$$I(t) = C \cdot e^{-\frac{R}{L} \cdot t} \tag{46}$$

Mit dem Anfangswert $I(0) = I_0$ (siehe oben) kommt man auf $C = I_0$ und hat die gesuchte Funktion:

$$I(t) = I_0 \cdot e^{-\frac{R}{L} \cdot t} \tag{47}$$

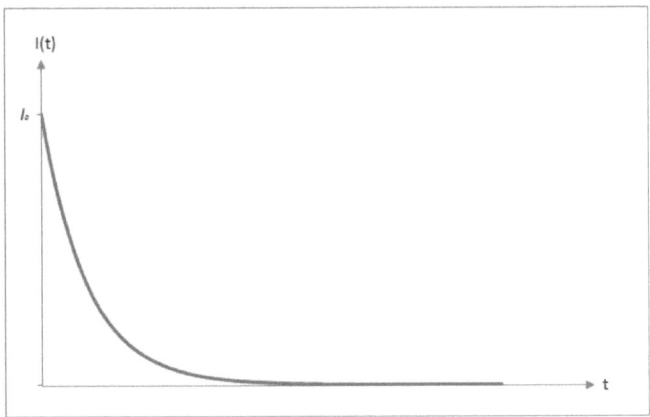

Abbildung 6: Stromverlauf nach dem Ausschalten

Abbildung 6 zeigt den zeitlichen Verlauf der Stromstärke nach dem Ausschalten. Natürlich geht die Stromstärke nach einiger Zeit gegen 0, sie reicht jedoch bei passenden Werten für R und L auch noch einige Sekunden nach dem Ausschalten dafür aus, dass das Lämpchen deutlich sichtbar leuchtet.

Wenn man Gleichung (47) allgemeiner als

$$Q(t) = Q_0 \cdot e^{-\lambda \cdot t} \text{ mit } \lambda > 0 \tag{48}$$

auffasst, dürfte sie einem bekannt vorkommen. Mit ihr lässt sich auch radioaktiver Zerfall beschreiben: Zum Zeitpunkt $t = 0$ ist eine bestimmte Menge Q_0 radioaktiven Materials gegeben. $Q(t)$ gibt die zum Zeitpunkt t noch vorhandene Menge dieses zerfallenden Materials an. Dabei ist λ eine Materialkonstante.

Beeindruckenderweise kann man auch noch viele andere Vorgänge mit dieser Gleichung beschreiben, z.B. die Absorption von Röntgenstrahlung: Eine Platte der Dicke t wird senkrecht von Röntgenstrahlung der Intensität Q_0 bestrahlt. In der Platte wird die Strahlung teilweise absorbiert. $Q(t)$ ist die Intensität der Strahlung hinter der Platte. Die Konstante λ hängt vom Material der Platte und der Wellenlänge der Strahlung ab.

4.2 Die harmonische Schwingung

Ein klassisches Beispiel für die Anwendung von Differentialgleichungen in
der Physik ist die harmonische Schwingung. In Abbildung 7 sind drei phy-
sikalische Realisierungen der harmonischen Schwingung zu sehen, auf die im
Folgenden näher eingegangen wird.

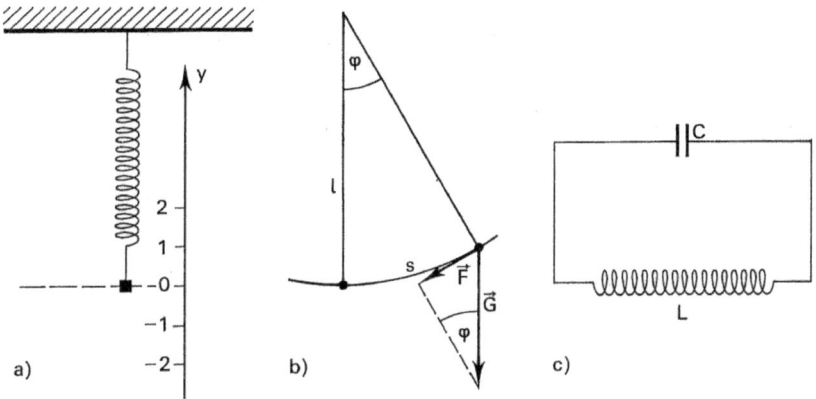

Abbildung 7: a) Federpendel; b) Fadenpendel; c) elektrischer Schwingkreis [4]

4.2.1 Die elastische Verformung

Problem: Gesucht ist eine Funktion y, die angibt, wie hoch sich das Gewicht
am unteren Ende der Schraubenfeder zur Zeit t über der Ruhelage ($y = 0$)
befindet (vgl. Abbildung 7a).

Lösung: Das Hooke-Gesetz besagt: Die rücktreibende Kraft F ist direkt
proportional zur Höhe y des Gewichtes. Der Proportionalitätsfaktor ist $-D$,
wobei $D > 0$ Federkonstante heißt. Das Minuszeichen tritt auf, weil F als
rücktreibende Kraft immer der Verformung entgegenwirkt.

$$F = -D \cdot y \tag{49}$$

Laut dem zweiten Gesetz von Newton ist die Kraft F gleich dem Produkt der
Masse m und der Beschleunigung a, die das Gewicht erfährt. $\Rightarrow F = m \cdot a$

---

[4]Bild entnommen aus [4], Seite 213

Die Beschleunigung a wiederum ist die zweite Ableitung des Ortes nach der Zeit. $\Rightarrow a = y''$

Insgesamt wird aus Gleichung (49) also folgende Differentialgleichung:

$$m \cdot y'' = -D \cdot y \qquad (50)$$

Um das Problem zu vereinfachen, substituiert man: $c := \frac{D}{m}(\Rightarrow c > 0)$.
Nun steht man vor der **Differentialgleichung der harmonischen Schwingung**:

$$y'' = -c \cdot y \qquad (51)$$

Für den Fall $c = 1$ kann man eine mögliche Lösung erraten: Die Sinusfunktion. Nun gilt es, diese so zu modifizieren, dass sie der obigen Differentialgleichung auch für andere c-Werte genügt. Durch Probieren kommt man schnell auf die **Zeit-Ort-Funktion der harmonischen Schwingung**:

$$y(t) = k \cdot \sin\left(\sqrt{c} \cdot t\right) \text{ mit } k \in \mathbf{R} \qquad (52)$$

Dies ist eigentlich noch nicht die allgemeine Lösung der Differentialgleichung (51). Die allgemeine Lösung ist nämlich folgende zweiparametrige Funktionenschar:

$$y(t) = k_1 \cdot \sin\left(\sqrt{c} \cdot t\right) + k_2 \cdot \cos\left(\sqrt{c} \cdot t\right) \qquad (53)$$

Sie lässt sich auf die Form

$$y(t) = k \cdot \sin\left(\sqrt{c} \cdot t + \varphi_0\right) \qquad (54)$$

bringen.

Für die Zeit-Ort-Funktion der harmonischen Schwingung hat man $\varphi_0 = 0$ gewählt, weil das eine Möglichkeit ist, den Term leichter handhabbar zu machen.

Nun ersetzt man c wieder durch $\frac{D}{m}$ und erhält die gesuchte Zeit-Ort-Funktion der harmonischen Schwingung eines Federpendels:

$$\Rightarrow y(t) = k \cdot \sin\left(\sqrt{\frac{D}{m}} \cdot t\right) \tag{55}$$

Da $\sin\left(\sqrt{\frac{D}{m}} \cdot t\right) \leq 1$, ist k der größtmögliche Wert für y, also die Amplitude der Schwingung. Wenn außer der rücktreibenden Kraft F keine weiteren, bremsenden Kräfte wirken, bleibt k konstant und man spricht von einer ungedämpften harmonischen Schwingung.

Weil die Sinusfunktion eine Periode von $2 \cdot \pi$ hat, gilt für die Dauer T einer vollen Schwingung:

$$\sqrt{\frac{D}{m}} \cdot T = 2 \cdot \pi \ \Rightarrow T = 2 \cdot \pi \cdot \sqrt{\frac{m}{D}} \tag{56}$$

Wie man sieht, ist T also von m und D, nicht aber von der Amplitude k abhängig.

4.2.2 Das Fadenpendel

Bei einem Fadenpendel wie in Figur 7b gilt für die rücktreibende Kraft F:

$$F = -G \cdot \sin\varphi \tag{57}$$

Der Winkel φ wird im Bogenmaß gemessen $\Rightarrow \varphi = \frac{s}{l}$.
Für kleine Winkel φ gilt: $\sin\varphi \approx \varphi$.
Außerdem gilt für diese rücktreibende Kraft: $F = m \cdot a$ mit $a = s'' \Rightarrow F = m \cdot s''$.
Die Formel für die Gravitationskraft G lautet $G = m \cdot g$.

Daraus ergibt sich die Differentialgleichung der Pendelschwingung:

$$m \cdot s'' = -m \cdot g \cdot \frac{s}{l} \ \Rightarrow \ s'' = -\frac{g}{l} \cdot s \tag{58}$$

Sie entspricht genau Gleichung (51) für $c = \frac{g}{l}$, der einzige Unterschied ist der Name der gesuchten Funktion. Deshalb spricht man auch hier von einer harmonischen Schwingung.

Die Zeit-Ort-Funktion der harmonischen Schwingung liefert die Lösung

$$s(t) = k \cdot \sin\left(\sqrt{\frac{g}{l}} \cdot t\right) \tag{59}$$

Der Wert $s(t_1)$ gibt an, wo sich der schwingende Körper am unteren Ende des Fadens zur Zeit t_1 befindet, und zwar so: Sein Betrag steht für die Länge des Kreisbogens s und sein Vorzeichen dafür, ob dieser Kreisbogen nach rechts oder links angetragen werden muss.

Natürlich ist k auch hier die Schwingungsamplitude.

Die Periodendauer

$$T = 2 \cdot \pi \cdot \sqrt{\frac{l}{g}} \tag{60}$$

ist offensichtlich auch beim Fadenpendel von der Amplitude unabhängig. Sie ist abhängig von der Fadenlänge l und der Fallbeschleunigung g.
Auf dem Mond ($g \approx 1,63$) würde eine Schwingung eines bestimmten Gewichts an einem bestimmten Fadenpendel (gleiche Werte für l und m) länger dauern als auf der Erde ($g \approx 9,81$).

4.2.3 Elektrischer Schwingkreis

Es gibt nicht nur mechanische Schwingungen. Ein andersartiges schwingungsfähiges System ist z.B. ein elektrischer Schwingkreis. Darunter versteht man eine elektrische Schaltung aus einem Kondensator mit der Kapazität C und einer Spule mit der Induktivität L (siehe Abbildung 7c).

Problem: Gesucht ist eine Funktion $Q(t)$, die die Ladung Q des Kondensators zum Zeitpunkt t angibt.

Lösung: Sobald sich der Kondensator entlädt, fließt auf einmal Strom und dadurch wird in der Spule eine Gegenspannung induziert, für die gilt:

$$U_{ind} = -L \cdot \frac{dI}{dt} = -L \cdot I' \tag{61}$$

Die Stromstärke ist gleich der Änderung der Ladung Q am Kondensator pro Zeiteinheit:

$$I = \frac{dQ}{dt} = Q' \;\Rightarrow\; I' = Q'' \tag{62}$$

Die Spannung am Kondensator beträgt $U_C = \frac{Q}{C}$.
Da der Kondensator und die Spule parallel geschaltet sind, gilt: $U_C = U_{ind}$.
Insgesamt ergibt sich also aus Gleichung (61):

$$\frac{Q}{C} = -L \cdot Q'' \;\Rightarrow\; Q'' = -\frac{1}{L \cdot C} \cdot Q \tag{63}$$

Wie man sieht, entspricht auch diese Gleichung der Differentialgleichung der harmonischen Schwingung, nämlich für $c = \frac{1}{L \cdot C}$.
Aus der Zeit-Ort-Funktion der harmonischen Schwingung wird eine Zeit-Ladung-Funktion:

$$Q(t) = Q_0 \cdot \sin\left(\sqrt{\frac{1}{L \cdot C}} \cdot t\right) \tag{64}$$

Die Konstante k wurde hier Q_0 genannt, da sie offensichtlich die größtmögliche Ladung des Kondensators während der Schwingung darstellt.
Vom Vorzeichen des Wertes $Q(t_1)$ hängt es ab, ob eine bestimmte Platte des Kondensators zum Zeitpunkt t_1 negativ oder positiv geladen ist.

Die Periodendauer einer Schwingung im elektrischen Schwingkreis lässt sich analog zu den anderen Beispielen berechnen:

$$T = 2 \cdot \pi \cdot \sqrt{L \cdot C} \tag{65}$$

Es fällt auf, dass diese Dauer nur vom Kondensator und der Spule, nicht aber von der Ladung bzw. Stromstärke abhängt.

Was in einem elektrischen Schwingkreis schwingt, ist nicht die Position eines Körper wie in den ersten beiden Beispielen zur harmonischen Schwingung, sondern die Ladung des Kondensators und infolgedessen auch die Stromstärke und die magnetische Feldstärke bzw. der magnetische Fluss in der Spule.

4.2.4 Bemerkungen zu diesen Modellen

Die Konstante φ_0 in Gleichung (54) In den oben besprochenen Beispielen für harmonische Schwingungen wurde stets $\varphi_0 = 0$ verwendet. Theoretisch kann man jeden beliebigen Wert für φ_0 verwenden. Welchen man wählt, hängt davon ab, in welcher Phase sich die Schwingung im Zeitpunkt $t = 0$ befinden soll. Für $\varphi_0 = 0$ ist in den drei behandelten Beispielen jeweils folgendes zum Zeitpunkt $t = 0$ der Fall:
- Die Feder ist nicht ausgelenkt.
- Das Gewicht am Fadenpendel befindet sich genau in der Mitte.
- Der Kondensator ist entladen, die Stromstärke ist maximal.

Es sind aber noch andere sinnvolle Werte denkbar, v.a. $\varphi_0 = \frac{\pi}{2}$. Wegen $\sin\left(x + \frac{\pi}{2}\right) = \cos\left(x\right)$ erhält man mit dieser Wahl auch sehr schöne Schwingungsfunktionen, die von folgenden Bedingungen im Zeitpunkt $t = 0$ ausgehen:
- Die Feder ist maximal ausgelenkt.
- Das Gewicht am Fadenpendel ist maximal ausgelenkt.
- Der Kondensator hat die Ladung Q_0, es fließt gerade kein Strom.

Ideal: Ungedämpfte Schwingung Von dieser Idealvorstellung gehen die oben berechneten Formeln aus. Harmonische Schwingungen, also Schwingungen, die der Gleichung (51) genügen, müssen eine konstante Amplitude haben. Solche Schwingungen nennt man ungedämpft.
Freie Schwingungen wie in den obigen Beispielen sind in der Praxis aber immer gedämpft, da die schwingenden Systeme z.B. durch Reibung (Federpendel, Fadenpendel) oder Ohmschen Widerstand (elektrischer Schwingkreis) Energie an ihre Umgebung abgeben. Das bedeutet, dass c kein konstanter Wert ist, sondern mit der Zeit (d.h. mit wachsendem t) kleiner wird. Für unendlich große t geht c gegen 0, d.h. die Schwingung kommt irgendwann zum Stillstand.

4.3 Schwellenwert einer Epidemie

Problem: Man will den Verlauf einer Krankheitswelle mathematisch beschreiben. Für ein entsprechendes Modell verwendet man folgende Bezeichnungen und Annahmen:

- $S \in \mathbf{N}$ ist die Anzahl der sogenannten Suszeptiblen. Darunter versteht man Personen, die noch nicht krank sind, aber angesteckt werden können.

- $I \in \mathbf{N}$ ist die Anzahl der infizierten Personen.

- $R \in \mathbf{N}$ ist die Anzahl der aus dem Krankheitsprozess ausgeschiedenen Personen. Sie waren bereits krank und sind mittlerweile wieder gesund. In diesem Modell stirbt niemand an der Krankheit und wer sie einmal hatte, ist für immer immun.

- t ist die in Tagen gemessene Zeit

- Die Ansteckung ist proportional zum Produkt $S(t) \cdot I(t)$. Der Proportionalitätsfaktor heißt Infektionsrate $a > 0$. Die Inkubationszeit ist 0, d.h. wer angesteckt wird, ist sofort krank.

- Die Rate, mit der infizierte Personen genesen, heißt Heilungsrate $h > 0$.

- Die Einwohnerzahl N im betrachteten Gebiet bleibt konstant: $N = S(t) + I(t) + R(t)$.

- Zum Zeitpunkt $t = 0$ gibt es in diesem Gebiet S_0 Suszeptible, I_0 Infizierte und R_0 sonstige Personen. Es gilt:
  $S_0 > 0$, denn sonst könnte sich die Krankheit unmöglich ausbreiten.
  $I_0 > 0$, denn sonst gäbe es die zu beobachtende Krankheit gar nicht.
  $R_0 \geq 0$.

Unter diesen Voraussetzungen ergibt sich folgendes Differentialgleichungssystem:

$$S'(t) = -a \cdot S(t) \cdot I(t) \tag{66}$$

$$I'(t) = a \cdot S(t) \cdot I(t) - h \cdot I(t) \tag{67}$$

$$R'(t) = h \cdot I(t) \tag{68}$$

Die ersten beiden Gleichungen hängen nicht von R ab. Also genügt es, das Teilsystem

$$S'(t) = -a \cdot S(t) \cdot I(t) \tag{69}$$

$$I'(t) = a \cdot S(t) \cdot I(t) - h \cdot I(t) \tag{70}$$

zu betrachten. Aus Gleichung (70) folgt:

$$I'(0) = I_0(a \cdot S_0 - h) \tag{71}$$

Dieser Ausdruck wird 0 für $S_0 = \frac{h}{a}$. Die Größe $\frac{h}{a} = \sigma$ nennt man **Schwellenwert** der Epidemie.

Obwohl man die Lösung $I(t)$ gar nicht kennt, lässt sich bereits jetzt sagen:
1. Die Krankheit breitet sich aus, wenn $I'(0) > 0$, also $S_0 > \sigma$.
2. Die Krankheit stirbt aus, wenn $I'(0) < 0$, also $S_0 < \sigma$.

Leider ist das System nicht explizit lösbar, d.h. man kann die Funktion $I(t)$ nicht finden. Man kann aber I als Funktion von S darstellen:

Zunächst schreibt man das Teilsystem von oben in der Form

$$\frac{dS}{dt} = -a \cdot S(t) \cdot I(t) \tag{72}$$

$$\frac{dI}{dt} = a \cdot S(t) \cdot I(t) - h \cdot I(t) \tag{73}$$

Nun dividiert man Gleichung (73) durch Gleichung (72) und erhält:

$$\frac{dI}{dS} = \frac{a \cdot S \cdot I - h \cdot I}{-a \cdot S \cdot I} = -1 + \frac{h}{a} \cdot \frac{1}{S} = -1 + \sigma \cdot \frac{1}{S} \tag{74}$$

Trennung der Variablen und anschließende Integration ergibt:

$$\int 1 dI = \int \left(-1 + \sigma \cdot \frac{1}{S} \right) dS \;\Rightarrow\; I = -S + \sigma \cdot \ln S + C \text{ mit } C \in \mathbf{R} \tag{75}$$

Mit den Anfangsbedingungen $I(0) = I_0$ (Achtung, hier wird I wieder als Funktion von t aufgefasst!) und $S(0) = S_0$ lässt sich C berechnen:

$$I(S_0) = I_0 = -S_0 + \sigma \cdot \ln S_0 + C \;\Rightarrow\; C = I_0 + S_0 - \sigma \cdot \ln S_0 \tag{76}$$

Also:

$$I(S) = I_0 + S_0 - S + \sigma \cdot (\ln S - \ln S_0) \tag{77}$$

Die beiden ln-Ausdrücke können noch zusammengefasst werden:

$$I(S) = I_0 + S_0 - S + \sigma \cdot \ln \left(\frac{S}{S_0} \right) \tag{78}$$

Jetzt hat man eine Funktion für die Anzahl der Infizierten in Abhängigkeit von der Anzahl der Suszeptiblen.

Will man mithilfe dieser Kurven den jeweiligen zeitlichen Verlauf der entsprechenden Krankheitswelle nachvollziehen, muss man bei S_0 (dieser S-Wert liegt zwangsläufig irgendwo zwischen den beiden Nullstellen) - oder genauer gesagt im Punkt $P(S_0/I_0)$ - anfangen zu lesen und die Kurve dann von rechts nach links (also von den großen S-Werten zu den kleinen) verfolgen, weil natürlich mit jeder neuen Infektion die Zahl der Suszeptiblen sinkt.

Aus der Ableitung $I'(S) = -1 + \frac{\sigma}{S}$ folgt:
- Der Höhepunkt einer solchen Kurve liegt bei $S = \sigma$, also beim Schwellenwert der Epidemie.
- Falls $S_0 > \sigma$, steigt - wie bereits erwähnt - die Zahl der Infizierten, die Krankheit wird zur Epidemie. Die Zahl der Infizierten hört erst auf zu steigen, wenn $S(t)$ den Wert σ erreicht hat. Dann fällt sie wieder ab, bis schließlich niemand mehr krank ist.
- Falls $S_0 \leq \sigma$, ist die Krankheit bereits zum Zeitpunkt $t = 0$ dabei zu verschwinden. Die Zahl der Infizierten nimmt ab, bis schließlich niemand mehr infiziert und die Krankheit damit ausgestorben ist.

Diese Endsituation entspricht der linken Nullstelle der Kurve und ist das Ende einer jeden Krankheitswelle. Das bedeutet, dass eine Krankheit ausstirbt, weil es keine Infizierten mehr gibt, und nicht etwa, weil es keine Suszeptiblen mehr gibt. Letzteres würde bedeuten, dass die gesamte Bevölkerung früher oder später von der Krankheit befallen wird.

Desweiteren kann man aus den obigen Überlegungen schließen, dass die Epidemiegefahr umso geringer ist, je größer σ ist. Um die Gefahr einzudämmen, versucht man in der Praxis also, den Schwellenwert im Verhältnis zur Zahl der Suszeptiblen anzuheben. Das lässt sich z.B. durch Impfung ($\Rightarrow S$ wird kleiner) oder im Ernstfall durch Isolierung der infizierten Personen ($\Rightarrow a$ wird kleiner $\Rightarrow \sigma$ wird größer) erreichen.

Beispiel   Gegeben sind die Daten $S_0 = 999$, $I_0 = 1$ und $R_0 = 0$).
Es geht also um folgendes: Im betrachteten Gebiet gibt es 1000 Einwohner.
Einer von ihnen ist mit der zu beobachtenden Krankheit infiziert. Niemand
ist gegen diese Krankheit immun und der eine Infizierte ist das erste Opfer
der Krankheitswelle.

Abbildung 8 zeigt, wie unterschiedlich diese Krankheitswelle ablaufen kann,
je nachdem wie groß der epidemiologische Schwellenwert σ ist.

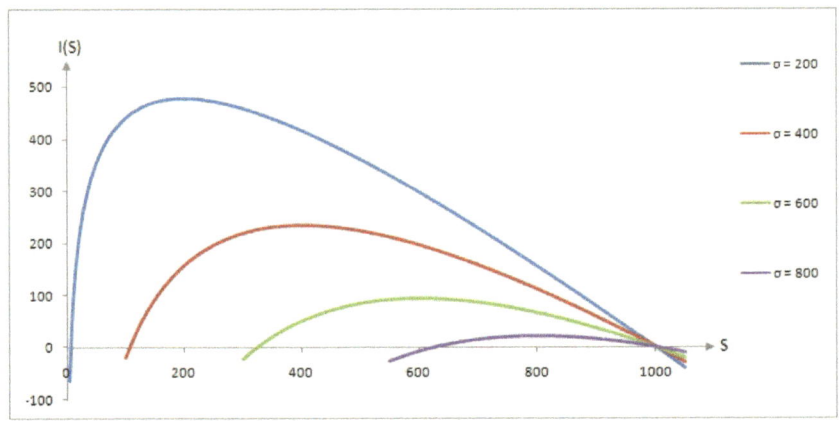

Abbildung 8: S-I-Graphen für bestimmte σ-Werte

Man sieht, dass sich alle Graphen in einem Punkt schneiden. Dies ist nicht die
rechte Nullstelle, sondern der Punkt $P(S_0/I_0) = P(999/1)$ (siehe oben). Das
ist hier auch sehr einleuchtend, denn die Ausgangssituation (999 Suszeptible,
ein Infizierter) hat ja zunächst nichts mit dem Schwellenwert zu tun.

Außerdem ist in der Graphik deutlich zu sehen, welch starken Einfluss der
Schwellenwert auf die Ausbreitung einer Krankheit hat: Bei einem niedri-
gen Schwellenwert kann aus einer einzelnen Erkrankung eine fatale Epidemie
werden, bei einem sehr hohen Schwellenwert stirbt die Krankheit dagegen
sofort aus. Dieser Fall entspricht $\sigma > 999$, ist aber wegen des Maßstabs nicht
eingezeichnet.

5 Schlusswort

Vielleicht vermag dieses soeben erworbene Wissen über die Vorzüge eines hohen epidemiologischen Schwellenwertes, dem Leser die Furcht vor der Spritze beim nächsten Impftermin zu nehmen. Ansonsten bleibt zu hoffen, dass diese Arbeit das Interesse am Thema wecken konnte, denn die hier behandelten Lösungsverfahren und Anwendungsbeispiele sind bei weitem nicht alles, was es über Differentialgleichungen zu sagen gäbe. Im Grunde kratzt diese Facharbeit nur an der Oberfläche dieses äußerst umfangreichen Gebietes, das man an der Universität mehrere Semester lang studieren kann und das auch heute noch Gegenstand der mathematischen Forschung ist.

Quellen

[1] I. N. Bronstein, K. A. Semendjajew: Taschenbuch der Mathematik; Verlag Harri Deutsch; 1981.

[2] G. Dobner, H.-J. Dobner: Gewöhnliche Differentialgleichungen; Fachbuchverlag Leipzig; 2004.

[3] J. Weissinger: Höhere Mathematik Teil III - Vorlesungsniederschrift; Universität Karlsruhe.

[4] K.-A. Keil, J. Kratz, H. Müller, K. Wörle: Analysis 2; Bayerischer Schulbuch-Verlag; 1976.

[5] J. Dorfmeister, H. Zeller: Vorkurs Mathematik Intensiv - Skript zur Vorlesung; TU München. $http://wwwsbs.in.tum.de/vorkurse/vmp/SDGLs07.pdf$

[6] $http://www.numerik.mathematik.uni-mainz.de/didaktikseminar/Gruppe8/C4.htm$